COURS DE ZOOLOGIE

PROFESSÉ

A LA FACULTÉ DES SCIENCES DE POITIERS

PENDANT

le 1er Semestre de l'année scolaire 1873-74

COMPTE-RENDU

DE QUELQUES LEÇONS

PAR

FERDINAND DASSY

Licencié ès sciences naturelles — Préparateur à la Faculté des Sciences.

POITIERS

TYPOGRAPHIE DE HENRI OUDIN

4, RUE DE L'ÉPERON, 4

1875

COURS DE ZOOLOGIE

COMPTE-RENDU

POITIERS. — TYPOGRAPHIE HENRI OUDIN.

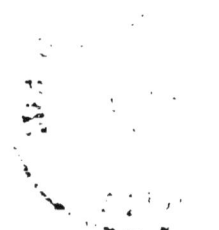

COURS DE ZOOLOGIE

PROFESSÉ

A LA FACULTÉ DES SCIENCES DE POITIERS

PENDANT

Le 1er Semestre de l'année scolaire 1873-74.

COMPTE-RENDU

DE QUELQUES LEÇONS

PAR

FERDINAND DASSY

Licencié ès sciences naturelles — Préparateur à la Faculté des Sciences.

POITIERS

TYPOGRAPHIE DE HENRI OUDIN

4, RUE DE L'ÉPERON, 4

1875

Dans le courant de l'année scolaire 1873-1874, plusieurs Comptes-rendus des Cours de la Faculté des Sciences de Poitiers ont paru dans les colonnes du *Courrier de la Vienne* sous le titre de *Chroniques scientifiques*. Les leçons. suivantes du Cours de Zoologie sont reproduites ici à peu près telles qu'elles ont été écrites la première fois, sauf quelques détails qui n'auraient pu prendre place dans un article de journal.

Ce sont principalement des leçons ayant trait à l'histoire de la science que j'ai réunies dans cette brochure. Aujourd'hui que tant de savants , faisant fi des travaux de leurs prédécesseurs, parleraient volontiers de leur science comme Apollon de la médecine :

Inventum medecina meum,

il est bon d'être avec ceux qui disent au contraire que : « ce mépris systématique de l'histoire dans les sciences a pour effet une lacune regrettable et est quelquefois une mauvaise action [1] ».

F. D.

1. E. Follin, *Pathologie externe*, t. 1.

INTRODUCTION HISTORIQUE

I.

M. Contejean a ouvert son Cours de Zoologie
par une introduction historique, dans laquelle
il a tracé à grands traits la marche de l'esprit
humain à la conquête des sciences naturelles.
Dans cette étude, si pleine d'intérêt, il s'est
attaché, en premier lieu, à faire l'histoire de
la science dans l'antique civilisation Orientale.

En Chine, les sciences les plus cultivées ont
été l'astronomie, la géométrie, l'agriculture et
la médecine ; mais l'histoire naturelle a été
aussi fort en honneur, puisqu'on attribue à
l'empereur Yu (qui vivait 2200 ans avant J.-C.)
un traité d'histoire naturelle en 260 volumes,
comprenant la description de toutes les pro-
ductions des trois règnes de la nature. D'après

ce chiffre énorme de 260 volumes, on serait
tenté d'accorder à l'auteur plus d'érudition
qu'il n'en a réellement, si l'on ne savait combien est petit, relativement à nos livres ordinaires, le recueil d'écriture chinoise auquel
nous donnons le nom de volume.

Il est curieux de retrouver chez les Chinois,
plus de 200 ans avant notre ère, le système
médical qu'ils appellent aujourd'hui moderne ;
de constater que la circulation du sang était,
chez eux, très-anciennement connue ; que de
nombreux traités sur le pouls, les fonctions
des artères, avaient été publiés. L'apuncture
était inventée, et l'élevage des vers à soie,
connus seulement en Occident du temps de
Pline, se pratiquait en Chine depuis bien des
siècles.

Il est inutile de dire que, parmi tous ces
travaux, au milieu de toutes ces doctrines, se
présentent de graves erreurs, et que le merveilleux y joue un rôle fréquent. Quoi qu'il en
soit, on y rencontre le plus ordinairement des
observations très-minutieuses et souvent très-
précises.

L'histoire de la science chez les Chinois nous
montre bien que ce singulier peuple est doué
d'un esprit précis, méticuleux, observateur et

surtout imitateur; mais qu'il a pour défaut ca-
ractéristique de ne pas savoir étendre ses vues,
de ne pas généraliser, de telle sorte que chez
lui de grands progrès accomplis sont suivis
d'une immobilité indéfinie.

L'Inde, d'où nous est venue l'invention des
chiffres dits arabes, de l'algèbre et des échecs,
a eu ses médecins, ses zoologistes, ses bota-
nistes et ses minéralogistes, ainsi que nous
l'indique le 4e livre des Védas.

Les Perses et les Chaldéens étaient surtout
des astronomes, mais on voit dans le Zend-
Avesta plusieurs livres consacrés à la médecine, aux animaux et à leurs maladies.

La Judée ne nous offre presque rien à signaler.
Cependant, dans le Pentateuque, on trouve
quelques catégories d'animaux assez naturelles. Mais, dans le Lévitique, les auteurs sacrés
font ruminer le lapin et le lièvre, et placent la
chauve-souris au milieu des oiseaux, à côté de
la huppe.

Les Égyptiens, si célèbres par leur agriculture et leurs travaux d'art, possédaient des
notions sur la chimie pratique; ils connais-
saient la métallurgie, fabriquaient des émaux.
Les prêtres possédaient, avec certaines castes,

1*

la spécialité des études astronomiques et médicales, mais les rois eux-mêmes ne dédaignaient pas de s'occuper de science : le grand Sésostris était médecin, dit-on ; le roi Athotes composait des livres d'anatomie. Mais, en somme, le bagage scientifique des Égyptiens se réduit à peu de choses, et on trouve dans leurs ouvrages des erreurs énormes ; on y lit, par exemple, que les nerfs vont du cœur au petit doigt, que le cœur s'en va diminuant progressivement de volume jusqu'à l'âge de 100 ans, terme régulier de la vie, etc...

Cependant, l'Égypte s'entoure d'une auréole de gloire par son École d'Alexandrie, dans laquelle des savants, grecs pour la plupart, sont nourris et logés, à seule fin de s'occuper de sciences.

Si l'antique Orient ne nous offre, au milieu de son merveilleux, de ses vaines spéculations et de ses erreurs, qu'un petit nombre de justes notions scientifiques, il n'en sera pas tout à fait de même pour l'Occident, où nous aurons à glaner davantage.

La Grèce, avec ses savants, dont les travaux portent le cachet de cette imagination vive et poétique et de cette largeur de vues qui a le défaut de voiler un peu la rigoureuse observation, qui présentent, en un mot, cet ensemble de caractères propres, marque spécifique du génie grec, s'offre d'abord à l'examen du professeur.

Les théories scientifiques des Grecs s'appuient sur de nombreuses hypothèses et presque jamais sur des expériences. Quoi qu'il en soit, la civilisation attique, à jamais célèbre par sa littérature et ses beaux-arts, a été également illustrée par ses mathématiciens, ses médecins et ses naturalistes.

Pour les Grecs, la médecine est une science divine; les premiers médecins sont des dieux ou des demi-dieux : Esculape, Orphée, Chiron, Machaon, Podalyre, qui fit, dit-on, la première saignée..... Mais l'anatomie et la physiologie étaient chez eux bien imparfaites, car les dissections humaines étaient prohibées. Cependant Héraclite étudie l'organisme humain dans les cimetières. Alcméon de Crotone, disciple de Pythagore, dissèque des animaux. Il reconnaît que la tête du fœtus se développe la première, et découvre la trompe d'Eustache. Démocrite d'Abdère, disciple de Leucippe, découvre les conduits biliaires et le rôle de la bile dans la digestion. Empédocle de l'école Italique reconnaît l'analogie de l'œuf et de la graine, découvre l'amnios et entrevoit le limaçon de l'oreille.

Hippocrate de Cos commet de graves erreurs
en anatomie. Il croyait, par exemple, que le
cerveau est une masse spongieuse destinée à
absorber l'humidité ; il ne connaissait pas les
nerfs, mais il sut distinguer les veines des artères.

C'est au sein de l'École d'Alexandrie que
les Grecs firent de grands progrès en anatomie et en physiologie. Là, en effet, se trou-
vaient réunies toutes les conditions favorables
au développement de la science. Les dissections humaines étaient permises, des musées
et des bibliothèques établis, et le bien-être
matériel des savants assuré.

Aussi d'importants travaux s'y accomplissent.

Proxagoras découvre le siége du pouls. Hérophile de Chalcédoine, son disciple, distingue
les nerfs des tendons et en indique les fonctions de volonté et de sensibilité ; il fait une
bonne description du cerveau, décrit les tuni-
ques internes de l'œil, l'os hyoïde, les veines
pulmonaires, dénomme le duodénum et signale
sans l'expliquer, l'isochronisme des battements
du cœur et des artères. Erasistrate de Céos indique la communication immédiate des nerfs
avec le cerveau et fait de cet organe le siége de

la pensée et du sentiment ; il découvre les vaisseaux chylifères (retrouvés seulement au XVIIe siècle par Aselius), ainsi que la systole et la diastole du cœur avec le jeu de ses valvules.

Si l'anatomie est brillante et avancée à l'École d'Alexandrie, il n'en est pas de même de la zoologie générale. On cite seulement Ptolémée Philadelphe, qui établit la première ménagerie, et auquel on attribue un ouvrage critique sur les animaux réels et fabuleux.

D'ailleurs, cette partie des sciences naturelles fut généralement moins cultivée par les Grecs que la médecine et l'anatomie. On trouve bien çà et là dans les auteurs quelques aperçus sur les animaux. Homère, par exemple, fait plusieurs descriptions d'animaux et donne même des détails anatomiques indiquant des connaissances déjà précises ; Hérodote nous transmet quelques récits exacts ; Xénophon, dans ses *Cynégétiques*, décrit un grand nombre d'animaux et signale l'existence du lion et de la panthère dans la Macédoine et dans le nord de la Grèce ; Ctésias, médecin des Dix-Mille, nous a laissé des descriptions tantôt exactes, tantôt fabuleuses des plantes et des animaux de l'Inde.....

Mais il n'y a qu'un seul homme qui se soit

alors véritablement occupé de zoologie : c'est
Aristote, après lequel il est néanmoins permis
de citer Théophraste, son disciple.

Aristote, le plus grand génie de l'antiquité,
le savant universel, fut tout à la fois anatomiste, philosophe, et surtout éminent classificateur. Ses recherches scientifiques furent fa-
vorisées par les expéditions d'Alexandre, qui
consacra en outre de fortes sommes d'argent
à faire explorer pour son maître les côtes de
la Perse.

Les connaissances icthyologiques du savant
grec sont presque aussi complètes que celles
des modernes ; il connaît parfaitement les
mœurs, les migrations, les maladies des poissons, leur sommeil. Parmi les quelques mono-
graphies excellentes qu'il a publiées, on remarque sa monographie de l'éléphant, qui est plus
exacte que celle de Buffon. Il décrit les phénomènes d'hibernation, de phonation, de génération des animaux ; les mœurs et les métamorphoses des abeilles, des guêpes et des insectes (qu'il fait naître de génération spontanée,
sauf les araignées, les criquets et les cigales).

Ses classifications n'ont été dépassées qu'à
notre époque ; et si l'on met en parallèle sa
Classification des êtres avec l'*Empire de la nature*

de Linné (1735), la comparaison reste souvent à l'avantage d'Aristote [1].

Geoffroy-Saint-Hilaire, et les naturalistes qui l'ont imité, ont emprunté leur *Règne humain* à *l'Homme raisonnable* opposé aux *animaux non raisonnables* d'Aristote. Les animaux ayant du sang (ἔναιμα), et les animaux exangues (ἄναιμα), de ce philosophe répondent rigoureusement à nos vertébrés et à nos invertébrés. Sa classification des oiseaux est presque identique à celle d'un naturaliste moderne, Brisson, et nous conservons aujourd'hui, dans le groupe des insectes, la plupart des divisions qu'Aristote y a établies.

Le génie d'Aristote semble revivre dans son disciple Théophraste, qu'on a surnommé l'Aristote de la botanique; mais le disciple a moins de profondeur que le maître.

Excepté pour l'anatomie, qui est florissante à l'École d'Alexandrie, Aristote résume toute son époque, et la devance tellement, qu'il n'est dépassé que dans les temps modernes.

Quel était l'état de la science à Rome pendant que s'accomplissaient en Grèce tant de travaux impérissables?

---

1. Voir, pages 33 et 34, les tableaux présentés pendant le Cours.

C'est ce que le professeur d'histoire naturelle se propose d'examiner, et il montre comment les Romains imitent et continuent la
science grecque, tout en restant généralement
inférieurs à leurs modèles, sauf pour l'anatomie et la physiologie, dont le maître est
alors l'illustre Galien.

C'est sur les recherches de ce grand médecin
de l'antiquité que M. Contejean s'arrête, après
avoir sommairement considéré les travaux des
principaux médecins romains, entre autres
Musa, Dioscoride, etc.

Galien avait étudié à l'École d'Alexandrie,
alors en grande décadence, et les nombreux
ouvrages qu'il a écrits sont marqués au coin
d'un esprit merveilleusement sage et exact.

Nous citerons ses *Administrations anatomiques*,
où, à côté de justes observations, se trouvent
quelques erreurs ostéologiques et myologi-
ques : ce qui se comprend parfaitement, car
les dissections humaines étant alors défendues,
ses travaux anatomiques avaient été faits, pour
la plupart, sur des singes.

Son livre : *De la digestion* contient des
indications précises d'anatomie comparée :
ainsi l'estomac multiple des animaux manquant
d'incisives supérieures (ruminants) y est si-

gnalé, de même que la vésicule biliaire de l'é-
léphant (laquelle était niée à cette époque).

On trouve dans ses travaux sur la *Respiration* de nombreuses expériences touchant le
mécanisme de la production de la voix : Galien
avait constaté, au moyen d'une section chez le
porc, l'influence du nerf pneumogastrique sur
la phonation.

Dans son livre sur l'*Usage des parties du corps
humain*, il signale le premier le trou de Botal,
décrit très-bien le cerveau, traite des parties
de la tête, des dents, de la moelle épinière,
des nerfs rachidiens, de la distribution générale des nerfs, des deux espèces de sang, des
artères, des veines et de leur communication,
de la reproduction, des différences entre le
fœtus et l'adulte, etc....

Dans ses *Opinions d'Hippocrate*, il place dans
la tête le siége de toutes les facultés.

Son *Traité des aliments* dans les deux règnes
est intéressant et précis.

Galien fut admiré pendant sa vie, et après sa
mort, il fit autorité jusqu'au xvie siècle ; chez
les Arabes, il fit loi jusqu'à nos jours.

Les Romains sont bien inférieurs aux Grecs
pour les notions de zoologie générale ; et à cet
endroit, leurs connaissances sont dues en grande

partie à leur goût pour la chasse, la gastrono-
mie et les jeux du cirque.

A part de rares aperçus se rattachant à l'histoire naturelle, et épars çà et là dans quelques
auteurs latins, on n'a guère à considérer,
parmi les naturalistes de l'époque, que le grand
compilateur Pline l'Ancien, qui a laissé 160
gros volumes extraits de plus de 2,000 ouvrages, dont plusieurs seraient certainement
inconnus autrement.

Il semble que cet auteur indigeste ait écrit
sans s'intéresser lui-même à ce qu'il relatait,
car il consigne tout dans ses ouvrages, le réel,
le fabuleux ou l'absurde. Son *Anthropologie*
est remplie de fables ; il y parle, par exemple,
d'hommes à pieds d'autruche, etc... Son *Ethno-
graphie* est plus exacte ; son *Ornithologie* est
très-faible. Dans son IXe livre, il donne des
détails intéressants sur les cétacés de la mer
du Nord et de la Méditerranée ; il parle de la
soie, et décrit les mœurs des abeilles, qu'il
suppose, comme Virgile, engendrées par la
putréfaction d'un bœuf.

Après avoir ainsi fait parcourir à ses auditeurs
les grands travaux de l'antiquité, le professeur
passe rapidement sur les travaux du IIIe et du
IVe siècle.

On peut alors citer Elien, un compilateur, lui aussi, qui a décrit 70 mammifères, 109 oiseaux, dont quelques-uns ont été retrouvés seulement dans les temps modernes, 50 reptiles, qui ne sont pas encore tous retrouvés (son crocrodile à museau cornu a été découvert aux Indes depuis une trentaine d'années seulement); 130 poissons, dont quelques-uns alors nouveaux, etc...

Oppien, qui a connu l'électricité de la torpille, la ruse de la Baudroie, l'encre de Seiche, l'aiguillon de la Pastenague...

Philostrate de Lemnos, qui, dans la Vie d'Apollonius de Thyane, consigne des observations sur les mœurs des animaux de l'Inde, tels qu'éléphants, singes, etc...

Eustathius, archevêque d'Antioche, et saint Ambroise, qui écrivent des traités d'histoire naturelle au point de vue de l'ordre des créations bibliques. Ausòne, qui, dans son poëme sur la Moselle, décrit 14 espèces nouvelles de poissons. Saint Augustin, évêque d'Hippone, qui décrit quelques poissons, signale en Afrique des ossements gigantesques, et écrit un Traité sur la génération. Saint Cyrille, qui compose un petit ouvrage sur les plantes et les animaux.

Pendant le moyen âge, les Arabes et les Maures d'Espagne sont les héritiers de la science des anciens. Ils ont laissé beaucoup d'écrits sur les mathématiques, l'astronomie, la chimie et l'alchimie, la médecine et l'anatomie, ils ont produit de nombreuses traductions de Galien et des Grecs; mais, entre leurs mains, la science ne fait pas de progrès sensibles. Leurs travaux manquent d'originalité. Parmi les savants les plus remarquables, on cite, au xe siècle, Rhazès, le Galien de son époque ; au xie siècle, Avicenne ; El Demiri, au xive, le plus célèbre naturaliste arabe : il composa, en effet, un véritable dictionnaire d'histoire naturelle, dans lequel il décrit près d'un millier d'animaux.

Les brillantes écoles de Séville et de Cordoue sont florissantes jusqu'au xve siècle, à partir duquel commence pour l'Espagne une période de décadence, décadence qui s'était déjà fait sentir, du reste, en Orient, depuis le xive siècle. Cependant, jusqu'au commencement du xvie siècle, on trouve encore plusieurs traités sur les animaux et sur la médecine.

En Occident, la science des anciens est en partie conservée dans les palimpsestes des Bénédictins du Mont-Cassin. Mais dans cette partie du monde règne une affreuse barbarie ; l'autorité des anciens demeure toute-puissante et l'esprit humain reste longtemps endormi. L'influence de Charlemagne et des croisades contribue à secouer la torpeur de l'Occident. Les Écoles de Salerne et de Montpellier se fondent ; néanmoins, dans les premiers siècles à peine peut-on citer les noms de quelques compilateurs : Thieddas, Constantin l'Africain.

En 1180, l'abbesse Hildegarde de Pinguia écrit un traité d'histoire naturelle : *Physica sanctæ Hildegardis.*

Au XIII⁰ siècle, quelques voyageurs, Marco Polo, etc., quelques philosophes scolastiques, quelques alchimistes, Roger Bacon, Albert le Grand, Raymond Lulle, etc.

Au XIV⁰ siècle, les alchimistes dominent : N. Flamel, Basile Valentin, etc... Mundinus, de Bologne, écrit un traité d'anatomie resté classique jusqu'au XVI⁰ siècle, et cependant, durant l'espace de 11 années, l'auteur dissèque seulement trois cadavres.

Enfin, au XV⁰ siècle, s'accomplissent des découvertes et des événements qui donnent une grande impulsion au progrès scientifique : Gutenberg découvre l'imprimerie, Colomb découvre l'Amérique, Vasco de Gama trouve le passage aux Indes, Constantinople est prise par les Turcs.

Parmi les savants de cette époque, on cite quelques noms, entre autres Théodore Gaza, qui traduit Théophraste et les Aphorismes d'Hippocrate en latin; Hermolaüs Barbaro, qui traduit Dioscoride, commente Aristote et Pline.

II.

Avec le xvie siècle s'ouvre une ère nouvelle. C'est, en effet, à l'époque où ont vécu les Copernic, les Magellan, les Palissy, les Léonard de Vinci, que la science, commençant à secouer le joug des anciens, prend une nouvelle vie et cherche à s'asseoir sur les bases inébranlables de l'observation et de l'expérimentation.

Alors, paraissent les immortels travaux de Bérenger de Carpi, Vésale, Fallope, Eustache, Fabricius d'Aquapendente, Botal, et de tant d'autres encore dont les ouvrages peuvent être consultés avec fruit, même de nos jours.

A côté de ces noms illustres des anatomistes et des physiologistes de la Renaissance, se placent les savants non moins célèbres qui se sont occupés de zoologie générale. Ce sont surtout des travaux d'érudition que ceux des naturalistes Pierre Belon, Salviani, Rondelet, qu'on peut considérer comme un des précurseurs de la méthode naturelle ; de Conrad Gessner, *le flambeau du* xvie *siècle*, critique judicieux doué d'une immense érudition, et qui a écrit *de re omni cognita* à son époque. Entre autres ouvrages remarquables, il a composé une *Histoire des Animaux,* en 5 vol. in-f°, dans laquelle il indique les caractères pour les classifications. Il faut encore mentionner Clusius, d'Arras, qui publie d'intéressantes recherches sur toutes les branches de l'histoire naturelle.

Beaucoup d'autres savants sont encore passés en revue par le professeur, qui résume l'historique de la science au xvie siècle, en faisant remarquer le grand essor de l'anatomie à cette époque : on ose discuter Galien ; les descriptions anatomiques des auteurs sont pour la plupart d'une grande exactitude, et de bonnes figures sont annexées au texte. Ainsi, la *Grande Anatomie* de Vésale contient des planches magnifiques. Enfin, les progrès de la zoologie sont avorisés par les découvertes et par les voyages.

Au xviie siècle, Bacon, Descartes, Pascal, Ga-

lilée, Newton, Leibnitz, Harvey, Malpighi, sont
nés : la science marche à grands pas.

Aussi, les documents scientifiques abondent
tellement qu'on est forcé de se restreindre aux
plus importants.

La grande figure d'Harvey se détache tout
d'abord du groupe illustre des savants ses con-
temporains. C'est lui, le premier, qui démontre ce phénomène tant de fois entrevu : la circulation du sang. Mais, ce n'est pas là son
seul titre de gloire ; on doit citer encore ses remarquables travaux d'embryogénie.

Willis fait une étude détaillée du cerveau ;
et si l'on parcourt les œuvres de cet anatomiste, on y trouve la justification de ce pro-
verbe si souvent répété : « Rien n'est nouveau
sous le soleil ». En effet, Willis localise les fonctions de l'intelligence dans le cerveau. Ainsi,
par exemple, il place la mémoire dans les cir-
convolutions ; l'imagination, dans le corps cal-
leux, etc... Peut-on s'empêcher dès lors de
songer au système de Gall et de Spurzheim ?

Mais voici venir un fait capital dans les an-
nales de la science : l'application du micros-
cope à l'étude des organes. On comprend quelles
ont été, pour les progrès scientifiques, les con-
séquences de l'emploi d'un tel moyen d'explo-

ration. Aussi le célèbre Malpighi, professeur à Bologne et plus tard à Pise, découvre-t-il les globules du sang, la circulation dans les capillaires, etc.; il étudie le développement du poulet, et publie en outre des travaux exacts et fort étendus sur l'anatomie des viscères, du système nerveux, des téguments, sur les trachées et le mode de respiration des insectes, sur leurs métamorphoses.

Ruysch, professeur à Amsterdam, constate l'influence du mode de station de l'homme et des quadrupèdes sur la distribution des vaisseaux sanguins, et il fait ses démonstrations à l'aide d'admirables injections poussées dans les artères et dans les veines, injections dont le secret est malheureusement perdu aujourd'hui.

Leuwenhœck n'avait pas reçu une brillante instruction première, mais son étonnante patience dans les observations microscopiques, la découverte qu'il fit des infusoires, ses travaux sur la structure de la peau, sur la fibre musculaire, sur le mode de reproduction des pucerons et sur celui des polypes sont des titres qui le placent sans conteste au rang des premières-illustrations de son siècle.

Redi, d'Arrezzo, est célèbre par les expériences qu'il entreprit pour détruire la doctrine des générations spontanées, cette singulière et si ancienne théorie, qui a eu dans ces derniers temps et qui a même encore des défenseurs fougueux et passionnés. Redi est également connu par ses belles recherches sur le venin des vipères et sur diverses questions d'anatomie et de physiologie. C'était un esprit extrêmement judicieux, et observateur par excellence.

Swammerdam. qu'on regarde généralement comme le premier micrographe de son siècle, est surtout connu par ses beaux travaux sur les insectes. Il a, assure-t-on, découvert les globules sanguins avant Malpighi, mais sa découverte resta longtemps inédite.

Les grands noms que nous venons de citer effacent un peu ceux de travailleurs plus modestes, comme Aselius, Wirsung, Pecquet, Glisson, Borelli, Olaüs Rudbeck, Th. Bartholin, Vicussens, etc., qui ont cependant tous contribué, plus ou moins, aux immenses progrès de l'anatomie et de la physiologie durant le XVIIe siècle. A cette époque, ces deux branches de l'histoire naturelle ont, pour ainsi dire, prospéré aux dépens de la zoologie générale. Cette dernière science ne nous offre guère, en effet, que quelques savants, comme Marcgraf, Bontius, Willongby et son ami Jean Ray, qui, le premier, modifia la classification d'Aristote, en introduisant, dans les caractères propres à classer les mammifères, la considération des pieds et des dents.

Si l'on jette maintenant un coup d'œil sur l'ensemble des travaux scientifiques accomplis durant le xviiiᵉ siècle, on serait presque tenté de reculer devant leur analyse, tant ils sont nombreux, tant la science s'est avancée dans cette époque marquée par une rapide émancipation de la pensée, et par l'indépendance et l'originalité des théories.

Nous nous contenterons de citer ici, parmi les auteurs dont les ouvrages ont été examinés par M. Contejean, ceux dont les noms nous paraissent les plus saillants.

L'anatomie et la physiologie ont pour principaux représentants Duverney, professeur au jardin du roi; Winslow, qui écrivit son *Exposition anatomique de la structure du corps humain*, ouvrage d'une rare perfection et qui dépasse tout ce qui avait été fait auparavant; Albinus, professeur à Leyde pendant 50 ans, auteur de travaux et de planches admirables de myologie et d'ostéologie, et qui, de concert avec l'illustre

Boerhave, réédite les œuvres de Vésale, d'Harvey et de Fabricius d'Aquapendente; le célèbre Haller, qu'on a appelé le Gessner du xviii° siècle. Cet éminent physiologiste possédait les plus vastes connaissances; il composa d'importants travaux sur toutes les parties de l'organisme, principalement sur les mouvements du cœur et sur la respiration; il fit encore de remarquables études sur la circulation des invertébrés, etc.... Ce grand homme niait pourtant l'irritabilité des nerfs.

Nous nommerons encore l'anatomiste P. Camper, si connu pour avoir appelé l'attention sur l'importance de la notion de *l'angle facial;* Daubenton, l'auteur de tous les travaux d'anatomie comparée publiés par Buffon ; Monro fils ; Vicq-d'Azyr, l'auteur de la *Théorie des homologues;* Santorini, Morgagni, Vasalva, qui travailla 16 années et disséqua 1,000 têtes pour écrire un traité sur l'ouïe; Scarpa, W. Hunter, Réaumur, qui fit de célèbres expériences sur la digestion; Spallanzani, Stahl, Sauvages, Barthez....

Mais, du milieu de tous ces savants du dernier siècle, émergent deux hommes, qui sont en quelque sorte la personnification du génie scientifique de leur époque : Linné et Buffon.

Linné naquit en 1707 et mourut en 1778. Son père, pauvre pasteur de la campagne, n'ayant pas le moyen de lui faire donner de l'instruction, le plaça comme apprenti chez un cordonnier. Mais ce genre de vie était loin de sourire au jeune Linné ; quand il pouvait s'échapper, il courait dans la campagne pour chercher des fleurs et des insectes : une impulsion irrésistible l'entraînait déjà vers l'étude de la nature. Un médecin de la famille s'en aperçut, lui donna quelques leçons, et l'envoya à Upsal suivre les cours d'Olaüs Rudbeck. C'est dans cette ville qu'il conçoit la première idée de son système de classification. L'apprenti cordonnier ne tarde pas à se faire connaître et marche rapidement vers la célébrité. En 1732, la Société royale d'Upsal le charge d'aller explorer la Laponie. Plus tard, il va étudier la médecine en Hollande sous Boerhave, qui l'apprécie. Il dirige les jardins de G. Cliffort pendant trois ans, et publie ses premiers ouvrages en Hollande.

Quand il visite l'Angleterre et la France, son nom est déjà européen. On raconte qu'à Paris, il assistait un jour incognito à une conférence faite par Bernard de Jussieu. Le professeur mettait plusieurs plantes entre les mains de

1***

ses élèves pour leur apprendre à en déterminer les caractères. Une plante se présente que tout le monde hésite à dénommer. Linné se lève alors et dit en latin (c'était le langage employé dans les cours à cette époque) : *Hœc planta faciem americanam habet :* « Cette plante à la tournure d'une plante américaine. » A ces mots, Bernard de Jussieu est tellement frappé de cette observation qu'il s'écrie : « *Tu es Linnœus*, tu es Linné! » Et de ce jour datèrent les relations qui unirent ces deux savants. De retour en Suède, l'illustre naturaliste est nommé médecin du roi, occupe pendant 37 ans la chaire de botanique de l'Université d'Upsal, et se voit comblé de titres et d'honneurs.

M. Contejean qualifie Linné « l'Aristote des temps modernes » ; il fait ressortir l'admirable sagacité, l'esprit éminemment précis et analytique du Suédois, et fait remarquer les immenses services qu'il a rendus à la science par ses travaux, et notamment par son Systema naturæ, qui a eu 12 éditions du vivant de son auteur.

La Suède a eu Linné, la France a eu Buffon. Mais combien le génie de l'un diffère de celui de l'autre! Que de contrastes les séparent!

Buffon naquit la même année que Linné et mourut dix ans plus tard que son rival. C'était

un esprit hardi, fécond, mais aussi synthétique
que celui de Linné était analytique. L'observation minutieuse, la précision méthodique,
étaient l'apanage de Linné; il fallait à Buffon
un champ plus vaste, il fallait à sa vive imagination de larges hypothèses, des théories gran-
dioses; il lui fallait matière à des descriptions
magnifiques. Mais si Buffon s'est souvent laissé
écarter de la vérité par son esprit trop généralisateur, s'il est quelquefois en contradiction
avec lui-même, et si ses théories sont le plus
souvent erronées, on trouve néanmoins dans
ses ouvrages des aperçus très-vrais. Ainsi,
plusieurs points de sa théorie de la terre, que
son génie avait plutôt pressentie que démontrée, et ses belles observations sur la distribution géographique des animaux, ont reçu aujourd'hui la sanction de l'universalité des
savants. En un mot, malgré ses défauts et
malgré ses erreurs, Buffon n'en doit pas moins
être considéré comme un grand naturaliste.

Buffon et Linné sont, comme nous l'avons
déjà dit, les deux naturalistes hors ligne du
xviiie siècle; mais l'éclat de leur renommée ne
doit pas faire pâlir le nom de ceux qui ont travaillé avec eux à élever si haut la science naturelle. — Nous mentionnerons encore Bonnet,

de Genève, l'inventeur des théories de l'*emboîte-
ment des germes* et de *l'échelle de gradation* des
êtres; Blumenbach, Artedi, Lyonnet, Geoffroy,
Fabricius, Peysonnel, dont la découverte sur l'a-
nimalité des coraux est présentée à l'Académie
des sciences par Réaumur lui-même qui, avec
beaucoup d'autres savants, avait cru pendant
longtemps que le corail était une plante;
Trembley, dont les expériences sur l'hydre
d'eau douce sont restées fameuses..... Mais il
faudrait encore citer une infinité de noms illustres.

Avant de quitter l'histoire du siècle qui a vu
se réaliser de si grands progrès scientifiques,
surtout en zoologie descriptive et en classification, et qui a vu éclore tant de systèmes et
de théories diverses, le professeur signale, en
passant, un naturaliste qui chevauche, pour
ainsi dire, sur le xviiie et sur le xixe siècle, je
veux parler du célèbre Lamark, connu principalement par ses travaux sur les mollusques
et par sa théorie de la *transformation des espèces*,
qu'il appuie sur l'adaptation des organes au
milieu, théorie que M. Darwin a reprise aujour-
d'hui, à l'aide de nouveaux arguments.

Décembre 1873.

CLASSIFICATION D'ARISTOTE.

ÊTRES

- **Bruts** (ἄψυχία) MINÉRAUX.
- **Vivants** (ψυχία)
  - VÉGÉTAUX (φυτά).
  - ANIMAUX (ζωά)
    - raisonnables . . . . *Homme.*
    - non raisonnables
      - ayant du sang (ἔναιμα)
        - *Quadrupèdes vivipares* (mammifères, y compris les cétacés.)
        - *Quadrupèdes ovipares* (tortues et lézards).
        - *Oiseaux.*
        - *Poissons.*
        - *Serpents.*
      - exsangues (ἄναιμα)
        - *Mollusques* (céphalopodes).
        - *Testacés* (gastérop. et lamellibranches).
        - *Crustacés.*
        - *Insectes.*

CLASSIFICATION DE LINNÉ.

Empire de la Nature

Royaume MINÉRAL.

Royaume VÉGÉTAL.

Royaume ANIMAL.

- Cœur bi-loculaire, avec oreillette, sang chaud, rouge.
  - Vivipares. *Mammifères* (y compris les cétacés).
  - Ovipares... *Oiseaux.*
- Cœur uni-loculaire, avec oreillette, sang froid, rouge.
  - Pulmonés. *Amphibies* (reptiles, batraciens, qq. poissons).
  - à branchies. *Poissons.*
- Cœur uni-loculaire, sans oreillette, sang froid, blanche,
  - à antennes. *Insectes* (insectes, myriapodes, arachnides, crustacés).
  - à tentacules. *Vers* (annélides et helminthes, mollusques, zoophytes).

HISTOIRE DE LA DÉCOUVERTE DE LA CIRCULATION
DU SANG

Si l'on demandait aujourd'hui à une personne, même complétement étrangère aux études physiologiques, comment se comporte le sang de son propre corps ou de celui d'un animal quelconque, nul doute qu'elle ne répondît : « Le sang parcourt tout l'organisme : « *il circule* ». En effet, ne dit-on pas tous les jours que le sang *monte* à la tête? N'est-ce pas une expression bien fréquemment employée que celle du « sang qui *coule* dans les veines » ?

Eh bien! cette circulation du sang dans les vaisseaux, qui nous paraît, à l'époque où nous sommes, une chose si naturelle, une vérité pour ainsi dire vulgaire, est cependant une des plus grandes conquêtes de la science moderne, et aussi, une conquête des plus laborieuses. Pour s'en convaincre, il suffit de lire

le passage suivant, tiré de la Préface du célèbre livre dans lequel Harvey expose les mouvements du cœur et du sang :

« Lorque je commençai à étudier, non pas
dans les livres, mais dans la nature et à l'aide
de vivisections, les mouvements du cœur, la
tâche me parut si difficile, que j'étais presque
tenté de penser, comme Fracastor, que Dieu
seul pouvait les comprendre... Cependant...
j'ai cru enfin être arrivé à la connaissance
de la vérité... Depuis lors je n'ai pas hésité à
communiquer mes vues non-seulement à quelques amis, mais au public, dans mes leçons
d'anatomie. Elles ont été accueillies avec fa-
veur par les uns, avec blâme par d'autres... »

Mais est-ce bien le médecin de Charles Ier à
qui revient la gloire de cette grande découverte? Lesquels ont raison, de ceux qui la lui
attribuent tout entière, ou de ceux qui la lui
dénient complétement?

Telle est la question, si pleine d'intérêt et de
hauts enseignements, qui a été discutée par
M. Contejean dans son dernier cours. Après
avoir fait passer devant ses auditeurs tous les
travaux sur le sang antérieurs à la publication
d'Harvey, et après avoir ainsi détaillé les matériaux que le grand physiologiste du xviie siè-

cle a trouvés préparés pour élever son édifice,
le professeur conclut que c'est à Guillaume
Harvey seul que revient la gloire de la découverte ; lui seul a su profiter des travaux de ses
devanciers, lui seul s'est trouvé prêt pour
cueillir un fruit déjà mûr.

En effet, l'étude du sang et son action, restée
longtemps mystérieuse, sur l'économie, ont
toujours préoccupé les savants de tous les peuples. Dès la plus haute antiquité, l'importance
du sang était connue. « Toute la vie de la chair
est dans le sang », a dit le Lévitique, il y a
trois mille cinq cents ans.

Nous ne suivrons pas le professeur dans l'é-
numération des nombreux travaux accomplis
sur la composition physique et chimique du
sang ; constatons seulement, en passant, que
dans ces études sur la nature du sang, études
qui sont comme la première assise des recherches sur les mouvements de ce fluide nourri-
cier, il y a eu de longues et pénibles pauses.

La science marche avec lenteur et recule
même quelquefois malheureusement. Pour n'en
citer qu'un exemple, les globules sanguins découverts par Malpighi en 1661 n'ont-ils pas été
mis en doute en 1817 par notre célèbre physio-

logiste Magendie, et un peu plus tard, en 1839, par l'Italien Giacomini?

Ces mouvements d'arrêt ou de recul, qu'on observe si fréquemment en étudiant le cours des idées tendues vers la découverte d'une vérité, sont comme les étapes de l'esprit humain qui, fatigué en quelque sorte de n'avoir pu atteindre complétement le but désiré, sommeille quelques instants, jusqu'à ce que des hommes apparaissent d'époques en époques pour éclairer plus largement le chemin à parcourir.

Cette longue et pénible marche des savants à la recherche d'une inconnue est développée dans toutes ses phases par le savant professeur d'histoire naturelle, quand il montre les travaux sur la circulation du sang s'amassant successivement à travers les âges.

Les vaisseaux sanguins étaient connus en Grèce de toute antiquité. D'après Etienne de Byzance, qui vivait au v⁰ siècle, la première saignée fut pratiquée, au retour de la guerre de Troie, par Podalyre, fils d'Esculape et frère de Machaon.

Hippocrate connaissait la direction des principales veines et les distinguait des artères; il enseigne que le cœur est un organe charnu à plusieurs cavités, il parle du pouls ; la saignée fut pratiquée de son temps...Mais toutes ses notions sur ce point sont nécessairement imparfaites, car on ne faisait point alors de dissections humaines.

Aristote avait constaté la communication des veines avec le cœur ; il connaissait les vaisseaux qui vont du cœur au poumon, et il établit que les veines et les cavités du cœur contenaient du sang ; il découvrit en outre le synchronisme des pulsations dans le corps, et attribua ces pulsations aux mouvements du sang dans les vaisseaux.

L'École d'Alexandrie nous fournit deux anatomistes célèbres qui se sont occupés du sang et de ses mouvements : Hérophile, qui découvrit l'isochronisme du pouls et des battements du cœur, et signala les différences anatomiques des veines et des artères ; Erasistrate, qui expliqua le jeu des valvules auriculo-ventriculaires et entrevit les vaisseaux chylifères.

Tous les auteurs que nous venons de citer pensaient que les artères contenaient de l'air, et c'est Galien qui, le premier, démontra par une expérience célèbre que les artères sont des vaisseaux sanguins. Ce grand anatomiste reconnut aussi la communication des veines avec les artères et distingua le sang veineux du sang artériel.

—Il faut maintenant arriver jusqu'au xvie siècle pour pouvoir citer des travaux sur la circulation du sang. A cette époque, le fondateur de l'anatomie moderne, Vésale, détruit l'erreur de Galien qui croyait que la cloison médiane du cœur était perforée et que les deux ventricules communiquaient ensemble.

Le pauvre Michel Servet, mort à Genève sur le bûcher, victime de la farouche intolérance du réformateur Calvin, a passé longtemps pour le véritable auteur de la découverte de la circulation du sang. Mais il suffit de lire le passage du livre, moitié théologique, moitié physiologique, dans lequel l'auteur infortuné parle du transvasement du sang des veines dans les artères par l'intermédiaire du poumon, pour se convaincre que, tout en émettant une idée juste sur la circulation pulmonaire ou *petite circulation*, Servet ne connaissait aucunement le trajet circulatoire du sang dans les vaisseaux et ne faisait qu'émettre là une simple vue de l'esprit. C'est un simple aperçu, qui s'est trouvé par hasard exact au milieu des rêves bizarres dont son ouvrage est rempli.

L'idée heureuse de Michel Servet fut reproduite un peu plus tard par Colombo, de Padoue.

Césalpin, de Pise, arriva vers la même époque
au même résultat. Il avança en outre que les
veines amènent au cœur les matières nutritives
distribuées au corps par les artères. Ce bota-
niste célèbre remarqua que les veines ne se
gonflent jamais au-dessus d'une ligature, mais
toujours au-dessous ; c'est lui qui, le premier,
introduisit dans la science l'expression de *circulation du sang*, et chose remarquable, il indi-
qua nettement, sans toutefois l'avoir démontré,
la *grande circulation*, c'est-à-dire le trajet du
sang du ventricule gauche à l'oreillette droite
du cœur.

Charles Estienne, le frère de Robert Estienne
l'érudit imprimeur, découvre dans la veine-
porte des valvules qu'il compare à celles du
cœur. D'autres valvules furent découvertes
quelque temps après dans différentes veines
par Cannanus, de Ferrare, et par Eustachi, de
Rome.

Enfin, Fabricius d'Aquapendente remarque
que les valvules des veines sont disposées de
manière à empêcher le reflux du sang vers les
extrémités.

Tel était l'état de la science sur la circula-

tion du sang, quand Harvey commença les immortels travaux dont il publia les résultats en
1628 dans un livre, chef-d'œuvre de méthode
et de logique, intitulé : *Exercitatio de motu
cordis et sanguinis in animalibus*. Réunissant des
faits épars et sans lien, multipliant avec une
rare habileté les expériences sur de nombreux
animaux, ce grand physiologiste arrive à des
conclusions inconnues à ses prédécesseurs. Il
démontre de la manière la plus incontestable :
d'abord, la contraction et la dilatation des ventricules du cœur, l'antagonisme de la systole
du cœur avec la diastole artérielle, l'injection
et le gonflement des artères à chaque contraction ventriculaire, l'alternance entre les contrac-
tions des oreillettes et celles des ventricules, et
le passage du sang à la suite de ces contrac-
tions ; examinant en second lieu ce que devient
le sang lancé loin du cœur par chaque contraction ventriculaire, il découvre que le sang
des artères revient au cœur par les veines.
Malheureusement, Harvey se trompe sur le siége
de l'hématose qu'il place dans le cœur.

La magnifique découverte de l'illustre médecin anglais lui fut une cause de déboires pendant sa vie, et ce n'est que longtemps après sa
mort que justice lui a été rendue.

En 1661, Malpighi compléta les travaux d'Harvey par la découverte qu'il fit des vaisseaux capillaires et, plus tard, Leuwenhoeck, Swammerdam et Ruysch vinrent y apporter la consécration de leurs recherches.

C'est ainsi que fut établie sur des bases inébranlables la théorie du grand acte vital dont le nom, ainsi que je le disais en commençant, est aujourd'hui devenu familier à tout le monde.

Mais il n'y a pas si longtemps qu'à Paris, Fagon soutint le premier l'*existence* de la circulation du sang et que « les vieux Docteurs « donnèrent des éloges au Récipiendaire, et « convinrent que pour un aussi étrange para- « doxe il ne s'en était pas mal tiré [1] ».

_____

[1]. Fontenelle, *Éloge de M. Fagon.*

Février 1874.

I.

Tout animal ne subsiste que par un échange
continuel de matières avec le monde extérieur;
sitôt que cet échange cesse, l'animal meurt.
L'échange le plus important pour la vie de
l'individu est celui qui se fait entre les fluides
gazeux contenus dans sa propre substance, et
l'air qui l'environne de toutes parts. On peut
en effet cesser de prendre des aliments pendant un temps plus ou moins long; mais la
suppression de l'arrivée de l'air dans l'organisme est suivie de mort au bout de quelques
minutes.

Chez la plupart des animaux, et notamment
chez l'homme, cet échange de gaz entre l'être
animé et le milieu ambiant ne s'effectue pas
seulement à l'aide d'organes spéciaux, de *pou-*

2*

mons, il s'effectue aussi par toute la périphérie du corps, par toute la peau.

Si donc l'on était tenté de suivre le conseil de Maupertuis qui prétendait allonger le terme de la vie en revêtant la surface du corps d'un enduit imperméable, on ne tarderait pas à s'apercevoir, par les effets funestes de l'abolition de la *respiration cutanée*, que Voltaire avait raison de railler agréablement l'idée fantastique du savant académicien.

Cette nécessité de l'air pour l'entretien de la vie a été comprise ou plutôt naturellement sentie dans tous les temps et chez tous les peuples ; on a toujours su qu'il fallait aspirer de l'air pour vivre ; mais on n'a pas toujours su *pourquoi* cet air était indispensable à l'existence, et quelle était son action.

En effet, ce n'est pour ainsi dire que d'hier, comme l'a montré M. Contejean dans son dernier cours, ce n'est que de 1820 à 1830, que la science a été à peu près fixée sur le véritable rôle de l'air introduit par la respiration dans le corps des animaux.

Dans l'antiquité, il n'y a guère qu'Aristote qui se soit occupé de l'action de l'air sur les êtres vivants ; le célèbre philosophe disait que les animaux terrestres ne peuvent vivre sans air et que l'eau est nécessaire aux animaux aquatiques, parce que ces deux fluides servent à *rafraîchir le sang*. Il avait constaté que les insectes mouraient dans un milieu privé d'air, et il avait imaginé que si ces animaux étaient pour la plupart très-légers, c'est parce qu'ils respiraient par toute la surface de leur corps.

D'Aristote nous arrivons au XVe siècle, où nous trouvons un de ces hommes à qui il était alors donné « de tout savoir », vu le mince bagage scientifique de leur époque, je veux parler du peintre Léonard de Vinci, qui observa que les animaux ne peuvent plus vivre dans un air incapable d'entretenir la combustion de la flamme.

Un peu plus tard, Van Helmont découvre un gaz auquel il donne le nom de *Gaz sylvestre* et que nous appelons aujourd'hui acide carbonique, et il constate que ce gaz asphyxie les animaux. La doctrine d'Aristote, qui avait fait loi jusqu'à cette époque, se trouve dès lors renversée : en effet, si l'air n'avait qu'un pouvoir réfrigérant sur le sang, pourquoi le gaz sylvestre, aussi froid que lui, n'agit-il pas de la même manière ? Il fallait donc chercher d'autres raisons pour expliquer les actions si différentes de deux fluides à égale température.

Vers 1670, Robert Boyle, en faisant des expériences avec une machine pneumatique, observe que les animaux meurent asphyxiés quand on les laisse dans le vide, et qu'ils reviennent à la vie si on leur fournit de l'air. Il pense, sans l'avoir démontré, que l'air dissous dans l'eau est nécessaire à la respiration des poissons ; il constate que le séjour des animaux dans un air non renouvelé, rend cet air vicié et impropre à la respiration ; il soupçonne, en outre, qu'il y a dans l'air un *principe vital* entretenant la vie des animaux et la combustion de la flamme, et que ce principe n'existe plus dans l'air où une flamme s'éteint. Ce principe vital était l'oxygène, que Priestley isola et définit quelques années plus tard.

Jean Bernouilly, en observant l'ébullition de l'eau, pensa que les bulles gazeuses qui s'en échappaient étaient formées par l'air qui y était dissous ; puis, ayant placé des poissons dans de l'eau ainsi préalablement privée d'air et ensuite refroidie, il vit que les poissons y mouraient asphyxiés, et il en conclut que la respiration des animaux aquatiques ne consistait pas, ainsi que le croyait Aristote, en une absorption d'eau par l'animal, mais bien en une absorption de l'air dissous dans cette eau. La respiration de l'air par tous les animaux se trouvait donc démontrée.

Cependant le mode de respiration des insectes n'était pas encore suffisamment connu, lorsque Malpighi les fit rentrer dans la règle générale en découvrant leur appareil respiratoire.

Hoock, en 1664, vint prouver que le renouvellement de l'air nécessaire à la respiration se fait dans les poumons. Son expérience consistait à ouvrir la poitrine d'un chien et à maintenir artificiellement la vie de l'animal au moyen de l'air qu'il insufflait dans différents points de ses poumons.

Un an plus tard, Fracassati, recherchant pourquoi le sang veineux reçu dans un vase après une saignée prend une teinte rouge sur toute la surface extérieure du caillot, imagina de retourner ce caillot en présentant à l'air la surface en contact avec le fond du vase. Il vit alors cette surface prendre peu à peu la couleur rouge, et il en conclut que l'air avait la propriété de convertir le sang noir en sang rouge.

Vers 1669, Lower constata, à l'aide de vivisections, que le sang qui sort du ventricule droit du cœur a une couleur noire, et que celui qui revient du poumon possède une vive couleur rouge : il pensa donc que c'est dans le poumon qu'a lieu l'hématose, c'est-à-dire la transformation du sang veineux en sang artériel.

Mayow avait supposé, avant 1668, qu'il existait dans l'air une sorte de principe vital auquel il donna le nom d'*esprit nitro-aérien*. Ce physiologiste anglais cherche à prouver que cet esprit nitro-aérien est le principe qui entretient la combustion de la flamme, et que ses particules respirées changent le sang noir en sang rouge.

En 1757, Joseph Black, de Glascow, reconnaît que les animaux rejettent au dehors du gaz sylvestre pendant l'expiration.

Une vingtaine d'années plus tard, le théologien Priestley, qui s'est beaucoup occupé de physique, et à qui on doit la découverte des gaz les plus connus de la chimie, reconnaît que les plantes, sous l'influence de la lumière, ont un mode de respiration inverse de celui des animaux, c'est-à-dire qu'au lieu de rejeter de l'acide carbonique elles rejettent de l'oxygène. Il vit ainsi que les plantes pouvaient prospérer dans un milieu vicié par l'acide carbonique exhalé par les animaux, et qu'elles purifiaient ce milieu.

Malheureusement, Priestley était un esprit peu généralisateur, sa tête était troublée par l'étrange théorie du phlogistique, et il ne déduisit rien de précis des découvertes si importantes dont la science lui est redevable.

Ainsi, depuis Aristote jusqu'à Priestley, on ne trouve que quelques jalons plantés de distance en distance, que quelques faits épars et sans corps, en un mot, aucune vue d'ensemble, aucune théorie sur le phénomène qui nous occupe.

Il fallait pour la respiration un autre Harvey, et c'est notre célèbre chimiste Lavoisier qu'on peut mettre en parallèle sur ce point avec le médecin de Charles Ier.

De même que le physiologiste anglais, Lavoisier s'est trouvé en face des travaux isolés de ses prédécesseurs ; comme lui, il a su y porter la lumière en s'aidant de nombreuses découvertes personnelles, et, chose remarquable, il a également ajouté une grande erreur aux vérités dont il a fait la démonstration : Harvey avait placé le siége de l'hématose dans le cœur, Lavoisier place le siége de la combustion dans le poumon.

C'est à partir de 1770 que Lavoisier émet les doctrines sur lesquelles est fondée la chimie moderne; en 1780, il découvre la composition du gaz sylvestre de Van Helmont, et c'est pendant la même année qu'il complète, par des expériences faites avec Laplace, sa théorie de la respiration, théorie qu'il avait commencé à publier en 1777.

II.

Dans cette théorie, Lavoisier admettait, en s'appuyant sur de très-nombreuses expériences, que l'air au milieu duquel séjourne un animal s'appauvrit en oxygène et s'enrichit en acide carbonique. La proportion entre l'oxygène absorbé et l'acide carbonique exhalé était sensiblement la même, la quantité d'azote ne variait pas. Le célèbre chimiste avait donc établi qu'à chaque mouvement respiratoire l'animal enlève une certaine quantité de gaz vivifiant, c'est-à-dire d'oxygène, à l'atmosphère, et qu'il lui rend en échange une quantité à peu près équivalente d'un gaz délétère, l'acide carbonique. Deux hypothèses se présentaient à l'esprit de Lavoisier pour expliquer ce qu'il ve-

nait de découvrir. Ou bien l'oxygène arrive
dans le sang en s'y dissolvant et en expulsant
pour ainsi dire mécaniquement l'acide carbonique qui y est contenu, ou bien cet oxygène
va s'emparer des produits hydro-carbonés du
sang et brûle ces produits en formant de
l'acide carbonique et de l'eau, absolument
de la même façon que l'oxygène brûle le
bois ou le charbon de nos foyers en produisant
de l'acide carbonique et de l'eau. Ce fut cette
dernière hypothèse que Lavoisier adopta de
concert avec Laplace. D'après ces savants, la
respiration était donc une véritable combustion, sans dégagement de lumière, il est vrai,
mais d'où résultait la chaleur propre aux êtres
vivants, ce que les physiologistes appellent la
chaleur animale, et ils pensaient que cette
combustion avait lieu dans le poumon.

Les travaux postérieurs de Spallanzani, de
Humboldt et de Provençal vinrent appuyer les
idées de Lavoisier.

Cependant, en 1791, le mathématicien Lagrange fit cette objection assez naturelle, que
si le poumon était le foyer d'où rayonnait le
calorique destiné à entretenir la température
du corps, ce foyer devrait être la partie la plus
chaude de l'organisme. Or, c'est tout le con-

contraire qu'on observe : le poumon est d'en-
viron un degré plus froid que les organes
voisins, et cela par une raison toute physique :
parce que l'exhalation continuelle de vapeur
d'eau qui se fait à la surface pulmonaire est
une source constante de refroidissement, par
la chaleur latente qu'elle enlève au poumon
pour se vaporiser. C'est pourquoi, frappé de
la contradiction que l'observation des faits in-
fligeait à la théorie de Lavoisier, Lagrange
avança que la chaleur du corps ne doit pas
être produite dans le poumon, mais bien dans
tout le trajet de la grande circulation. L'idée
de Lagrange fut féconde en résultats, et sa vé-
rification expérimentale fut établie par le frère
de l'éminent doyen actuel de la Faculté des
sciences de Paris, par William Edwards.

On a longtemps méconnu et on méconnaît
peut-être encore l'influence décisive des travaux de William Edwards sur le véritable mécanisme de la combustion animale. M. Milne-
Edwards s'est pieusement attaché à faire rendre
justice à son frère, et pour les esprits impar-
tiaux et de bonne foi, il y a pleinement réussi.

Il est vrai que Hassenfratz, Humphry Davy,
Vauquelin, avaient vu que l'oxygène et l'acide
carbonique existent tout formés dans le sang

extrait de n'importe quelle partie du corps ; il est également vrai que Humphry Davy, en particulier, avait déduit de ses expériences que ce n'est pas dans le poumon que l'oxygène brûle du carbone. Mais la connaissance des faits découverts par ces physiologistes ne les avait conduits à aucune idée générale sur la combustion organique. Ils n'ont pour ainsi dire fait que livrer leurs recherches à la méditation de leurs successeurs.

William Edwards entreprit ses travaux de 1817 à 1824. Il montra que les animaux peuvent exhaler de l'acide carbonique dans un milieu ne contenant pas d'oxygène, dans une atmosphère d'azote ou d'hydrogène, par exemple. La même expérience avait été faite à la fin du xviiie siècle par Spallanzani; le savant italien avait emprisonné des limaçons dans un milieu ne contenant pas d'oxygène, et il avait constaté la production d'acide carbonique. Mais s'étant aperçu qu'au bout d'un certain temps, quelques limaçons étaient morts, il crut que l'acide carbonique produit était le résultat de la putréfaction. Edwards tira d'autres conclusions de ses expériences et de celles de ses prédécesseurs. Il établit cette théorie qui est la seule vraie, savoir que, si, dans un milieu absolument privé d'oxygène, les animaux produisent de l'acide carbonique, ce ne peut être l'oxygène introduit dans leurs poumons qui vient y brûler du carbone ; l'acide carbonique doit venir de plus loin, il doit venir de toute la masse du sang ; c'est dans les profondeurs de l'organisme que l'oxygène, en passant par le poumon, vient chercher le carbone pour l'y brûler, et l'acide carbonique, produit de cette combustion, passe également par le poumon pour se répandre au dehors. Le poumon n'est donc qu'un endroit de passage, un organe intermédiaire entre les gaz de l'atmosphère et les gaz dissous dans le sang ; la combustion animale ne s'y produit donc pas, ainsi que le croyait Lavoisier ; ce phénomène se passe ailleurs, et la surface pulmonaire n'est, si je puis m'exprimer ainsi, que la porte d'entrée et de sortie des matériaux comburants et des matériaux brûlés.

Les travaux de M. Collard de Martigny en 1830 et ceux de MM. J. Muller, Bergmann, Bischof et Marchand, vinrent confirmer la justesse de la théorie de William Edwards. Mais il manquait pour la compléter la connaissance de la manière dont se comporte les gaz oxygène, acide carbonique et azote du sang, leur état physique et chimique dans ce liquide, et les lois par suite desquelles ces différents gaz entrent dans l'organisme et en sortent par la voie du poumon, etc.

C'est ce que le professeur d'histoire naturelle a examiné devant ses auditeurs, tout en faisant remarquer combien il y a de *desiderata* dans la science sur ce point.

Nous nous contenterons de dire ici que MM. Bertuch, Magnus, Vierodt, etc., se sont occupés de ces questions, et que ce dernier a cherché à établir, en 1845, que l'échange des gaz constituant la respiration est soumis aux lois physiques qui régissent la solubilité des gaz dans les liquides, en tenant compte des forces élastiques, de la pression, etc.

Cependant, vers 1866, M. Virchow a présenté des conclusions qui peuvent faire douter de celles de M. Vierodt. D'après les expériences de M. Virchow et aussi de M. Claude Bernard et d'autres physiologistes de notre époque, il y aurait, dans le phénomène essentiel de l'échange des gaz à la surface pulmonaire, autre chose qu'une action purement physique; la théorie moderne y voit la manifestation d'une activité spéciale des globules de sang. Ainsi,

on pourrait se représenter chaque globule
comme une petite nef chargée d'oxygène em-
portée par le torrent circulatoire à travers les
canaux irrigateurs du corps, depuis les plus
gros jusqu'aux capillaires, en répandant sur
son passage le gaz comburant qui, par sa combinaison avec le carbone, va former dans les
tissus l'acide carbonique que le sang veineux
exhale au dehors. De temps en temps, le globule se met en contact avec l'air, afin de renouveler sa provision d'oxygène; il recommence
alors sa course rapide et vivifiante jusqu'à ce
que, épuisé, vieilli, il devienne par le ralentis-
sement de son travail un corps étranger et
gênant, et c'est alors que, rejeté de la circulation, il laisse la place à un globule plus jeune,
en allant s'engloutir auprès de ses pareils dans
un cimetière vivant, dans la rate. On a reconnu que si, pendant qu'il va renouveler sa
provision d'oxygène au contact de l'air, le globule sanguin se trouve en présence d'autres
gaz mélangés à l'atmosphère, il absorbera
presque toujours l'oxygène de l'air préférable-
ment à ceux-ci. Quelques-uns cependant font
malheureusement exception, et de ce nombre
est le redoutable oxyde de carbone. Si donc le
globule rencontre devant lui de l'oxyde de

carbone, il absorbera ce gaz avec plus de faci-
lité que l'oxygène, et l'animal tombera fou-
droyé : l'oxyde de carbone qui sature le globule lui a dès lors enlevé toute la capacité
d'absorption qu'il possédait auparavant pour
l'oxygène, et par le seul fait de la cessation de
sa fonction propre, le corpuscule sanguin de-
viendra un corps inerte, impropre à la nutri-
tion et partant toxique.

J'ajouterai que les physiologistes considèrent
généralement l'*hématosine* renfermée dans les
globules rouges comme la matière active dans
ce phénomène.

En résumé, nous voyons combien il a été
pénible et difficile d'acquérir quelques notions précises sur la respiration des animaux, et combien d'incertitudes et d'hési-
tations ont plané longtemps sur ce sujet.
Aujourd'hui même, il existe à cet endroit
beaucoup de points mystérieux dans la
science.

Le trajet circulatoire du sang a été démontré d'un seul coup, magistralement : Harvey
a déchiré complétement le voile ; Lavoisier
n'a pu que le soulever à moitié, mais le nom
du chimiste français n'en est pas moins celui

qui brille avec le plus d'éclat parmi les noms qui lui sont associés dans l'histoire des laborieuses recherches que nous venons de passer en revue.

Février 1874.

DE LA CLASSIFICATION DES MAMMIFÈRES

————————⚬❬❭⚬————————

I.

Il ne suffit pas au naturaliste d'étudier chaque animal dans la structure intime de ses organes et dans les phénomènes vitaux de ses fonctions ; il lui faut encore comparer entre elles les particularités anatomiques et physiologiques qu'il a observées dans les espèces variées qui ont été l'objet de son examen ; et c'est à l'aide de ces comparaisons qu'il peut dire, un animal étant donné, quels sont ceux d'entre les autres animaux qui lui ressemblent ou qui s'en éloignent le plus. Mais ce n'est que par le contrôle minutieux des analogies et des différences qu'il aura aperçues entre les êtres nombreux disséminés çà et là devant lui, qu'il pourra arriver à les grouper en plusieurs familles distinctes et composées chacune d'individus similaires paraissant tous reproduire

plus ou moins complétement un même proto-
type. Ces familles, une fois établies, devront
être à leur tour comparées entre elles et rap-
prochées ou éloignées les unes des autres suivant leurs ressemblances ou leurs dissemblan-
ces ; en un mot, il restera à les *classer*, c'est-
à-dire à les échelonner méthodiquement de
façon qu'on puisse descendre par des transi-
tions insensibles d'un groupe plus parfait à
un groupe plus imparfait, et ainsi de suite
jusqu'au groupe animal le plus infime, le plus
voisin de la plante.

Voilà quel serait l'idéal d'une classification
parfaite. Malheureusement le plan que je viens
d'exposer n'est qu'un plan théorique, et il de-
viendrait impossible de le réaliser si l'on vou-
lait échelonner les animaux en se conformant
rigoureusement aux principes que j'ai tracés.
Cependant, quelques classificateurs, s'atta-
chant plus aux spéculations de l'esprit qu'à
la simple observation de la nature, ont cru
à la « série continue des êtres ». Mais l'existence de cette série n'a pu être mise en évi-
dence et ne le sera probablement jamais ; qu'on
essaie de l'établir et on ne tardera pas à recon-
naître, en effet, qu'un groupe défini d'animaux ne présente pas toujours des rapports

directs et immédiats avec le groupe dont on
voudra le faire précéder ou le faire suivre, et
que, bien plus, le groupe qu'on placera, par
exemple, le troisième comprendra quelquefois
à la tête de sa série des individus plus parfaits
que ceux qui termineront la série du premier
groupe. On aura donc ainsi de fréquentes so-
lutions de continuité à faire disparaître pour
renouer la chaîne interrompue ; mais c'est en
vain qu'on espérera y réussir, eût-on même
recours pour cela aux différents genres des
animaux fossiles qui se sont successivement
éteints.

Mais est-ce à dire qu'après être parvenu à
délimiter un certain nombre de tribus naturelles d'animaux, on en sera réduit à les considérer chacune isolément sans trouver quelque
lien pour les juxtaposer, et sans pouvoir sinon
les réunir étroitement, tout au moins les ras-
sembler par de larges attaches ? — Nullement.
Sans doute, dans le tableau méthodique de tout
classificateur il existera forcément, entre les
différentes catégories d'animaux, de grands
vides non comblés, de grandes lacunes qui
souvent ne permettront pas d'apercevoir des
points de contact possibles entre tel ou tel
animal, entre telle ou telle famille ; mais il

n'en sera pas toujours ainsi : car, selon la
justesse d'esprit dont sera doué le naturaliste,
ces lacunes deviendront moins appréciables,
parce qu'il saura trouver de quoi les diminuer
et selon la puissance de son génie d'observation, le plan qu'il aura composé représentera
l'image plus ou moins fidèle de la véritable
Ordonnance de la création.

Nous ne parlerons pas ici du règne animal
tout entier ; nous nous restreindrons à ses
êtres les plus parfaits, à ceux qui portent des
mamelles, aux mammifères. Leur classification
a été l'objet des derniers cours, et en suivant
le professeur dans l'historique qu'il a fait de la
question, nous serons conduits à appliquer
directement les considérations générales que
je viens d'indiquer.

Quand il s'agit de remonter aux origines
d'une question d'histoire naturelle, il faut
presque toujours s'adresser à Aristote. Ce
grand naturaliste établit, en effet, le premier,
une remarquable classification des mammifères, et on ne saurait trop admirer avec quel
génie il a su en poser les bases. Il partagea les
quadrupèdes vivipares (ainsi qu'il les appelle)
en deux grandes catégories, ceux qui ont
quatre pattes (*Tétrapodes*) et ceux qu'il ne con-

sidère pas comme ayant de véritables pattes
(*Apodes*), les baleines, par exemple. Les Tétrapodes sont partagés à leur tour en *Onguiculés*, ou animaux pourvus d'ongles, et en *Ongulés,* ou animaux ayant des sabots. Ces divisions sont si naturelles qu'elles sont encore ·
conservées de nos jours. Dans les onguiculés,
Aristote distingue ceux qui ont les dents molaires aplaties, comme les singes et les chiroptères; ceux qui ont les molaires tranchantes
ou animaux carnivores, et ceux qui, tout en
possédant des molaires et des incisives analo-
gues à celles des singes et des chiens, manquent de canines : ce sont les rongeurs. Dans
les ongulés, trois groupes sont établis : les animaux n'ayant qu'un seul doigt, comme les
chevaux ; ceux qui en ont deux, comme
les ruminants, et enfin les animaux à plusieurs
doigts, comme l'éléphant.

La classification du philosophe grec a régné
bien longtemps dans la science ; il faut arriver
jusqu'à la fin du xviie siècle pour rencontrer
une nouvelle disposition originale des mammifères ; encore son auteur J. Ray n'introduisit que des modifications de second ordre
dans le travail du maître, et même ces modifications ne sont pas toujours heureuses. Il

2***

conserva la division des mammifères en onguiculés et en ongulés, et son principal mérite est d'avoir insisté beaucoup plus complétement sur les caractères indiqués d'une manière générale par Aristote, à savoir : la forme des dents, et surtout la conformation des extrémités.

De 1693 à 1760, les naturalistes ne firent que retoucher légèrement les données principales d'Aristote et de J. Ray. — Vers le milieu du XVIIIe siècle, Linné imagina une nouvelle classification des mammifères. Mais l'illustre naturaliste suédois, tout en circonscrivant mieux les genres que ses devanciers, s'éloigna, dans la répartition des classes, des principes qui doivent guider un observateur de la nature. Il voulut en effet les établir uniquement d'après la présence, l'absence ou le nombre des incisives et des canines aux deux mâchoires, et il n'arriva de la sorte qu'à une classification assez défectueuse et bien inférieure à celle d'Aristote.

Après la classification de Linné, nous mentionnerons celle de Cuvier, qui est aujourd'hui presque généralement adoptée dans les traités élémentaires de zoologie. Il distingue dans les mammifères les Bimanes, les Quadrumanes,

les Carnassiers, les Rongeurs, les Edentés, les
Marsupiaux, les Pachydermes, les Ruminants
et les Cétacés. Dans ces grandes divisions,
Cuvier copie presque exactement Aristote : les
« mammifères à quatre membres » et les
« mammifères manquant de membres postérieurs » du classificateur français ne sont
autre chose que les « Tétrapodes » et les
« Apodes » du père de l'histoire naturelle dont
la subdivision des animaux de la première
catégorie en Onguiculés et en Ongulés a été
encore reproduite avec non moins de fidélité.

Dans le groupe des Mammifères onguiculés,
Cuvier rangeait les Marsupiaux : or ce n'était
pas là leur place naturelle.

Les Marsupiaux, en effet (sarigues, kangou-
roos, etc.), sont bien différents des autres mammifères ; ils s'en distinguent par des caractères
bien tranchés, dénotant une grande infériorité
organique.

De Blainville ne méconnut pas, ainsi que l'a-
vait fait son rival, l'importance capitale de ces
caractères distinctifs, et il fit faire un grand
pas à la science en démontrant le premier que
les mammifères se séparent nettement en deux
grands sous-ordres : les *Monodelphes*, ou mam-

mifères naissant avec un placenta, et les *Didel-phes*, ou mammifères dépourvus de placenta (et c'est dans cette dernière série que furent placés les marsupiaux). Il est impossible d'établir une division générale indiquant plus nettement les caractères de supériorité des uns et les caractères d'infériorité des autres. De Blainville étagea ensuite les Monodelphes en six degrés représentés en premier lieu par les Quadrumanes, puis par les Carnassiers, les Edentés, les Rongeurs, les Gravigrades (éléphants), et les Ongulogrades (pachydermes, solipèdes, ruminants, lamantins). Les Didelphes furent subdivisés à leur tour en didelphes normaux et anormaux, les premiers comprenant les didelphes carnassiers (sarigues) et rongeurs (phascolomes), les seconds comprenant les échidnés et les ornithorhynques.

II.

Dans les cinq classifications que nous avons rapidement indiquées, on a pu constater que tous leurs auteurs s'étaient généralement préoccupés d'échelonner les classes animales en commençant par les plus parfaites et en finissant par celles qui leur paraissaient les plus dégradées. En effet, Aristote et J. Ray commencent par les singes et finissent par les Cétacés; Linné place en haut les Primates, en bas les Cétacés; Cuvier descend également des Bimanes aux Cétacés, et de Blainville des Quadrumanes à l'Ornithorhynque. Ils ont donc tous cherché à former une série plus ou moins régulièrement décroissante; mais aucun n'a pu y réussir. Lorsqu'on s'est aperçu que l'édification de cette série était contraire à l'ordre naturel des choses, on a cherché par un autre moyen à indiquer graphiquement la place exacte d'un groupe animal, en essayant de composer un tableau qui peindrait aux yeux, d'une façon saisissante, l'ensemble vrai de toute une classe avec les distances moyennes qui séparent chacun de ses ordres.

Une méthode tendant à réaliser un pareil mode de classification, fut conçue par Is. Geoffroy Saint-Hilaire : c'est la *méthode des séries parallèles* qu'il arrêta en 1847.

Par la saine application de cette méthode, on aura l'avantage de beaucoup moins sacrifier l'exactitude aux exigences d'un système.

Effectivement, lorsqu'avec Aristote ou de Blainville on écrit un groupe *au-dessous* d'un autre, on aura évidemment exprimé par là que le premier est inférieur au second. Or, ainsi que nous l'avons vu précédemment, cela n'est pas rigoureusement vrai : car le second groupe, tout en présentant, à la vérité, dans les êtres qui le composent, certains caractères de dégradation propres à justifier de son abaissement, pourra offrir en revanche quelques particularités de perfectionnement organique qui protesteront en quelque sorte contre la prise en considération trop absolue des caractères d'infériorité. En suivant la méthode d'Is. Geoffroy Saint-Hilaire, on obviera à ces difficultés; et au lieu d'écrire faussement le second groupe *au-dessous* du premier, on le placera *parallèlement* à côté de lui, mais d'une certaine manière : si l'on représente le premier groupe par une ligne verticale commençant à un niveau déterminé, on représentera le second par une autre ligne dont le niveau commencera un peu plus bas que celui de la ligne du premier groupe. Cela fait, supposons maintenant que nous ayons à placer un troisième groupe comprenant à la fois des individus aussi parfaits et plus dégradés que ceux du second : nous ferons alors commencer la ligne qui le figurera au même niveau que celle du second groupe, mais aussi nous la ferons descendre beaucoup plus bas. De cette façon, nous aurons trois groupes rangés les uns à côté des autres, en trois séries parallèles, dont les degrés de perfection seront représentés par trois lignes d'inégale hauteur.

Telle est *grosso modo* et de la façon la plus aisée à comprendre, l'esprit qui préside à la mise en exécution de la méthode d'Is. Geoffroy Saint-Hilaire. On voit combien les étages de groupes ainsi formés sont rationnels et conformes au plan de la nature et avec quelle netteté ils font saisir au premier coup d'œil les analogies qui rapprochent et les différences qui éloignent. Cependant, nos procédés graphiques ne permettent pas de représenter entièrement tous les rapports ; ces derniers sont en effet trop variés pour qu'un tableau synoptique puisse les mettre tous en relief ; on est forcé de s'en tenir aux plus importants.

En détaillant devant ses auditeurs la classification de Geoffroy Saint-Hilaire, le professeur fait remarquer que notre célèbre naturaliste a eu le tort de faire des marsupiaux une série de second ordre, au lieu de mettre ces animaux complétement à part et parallèlement aux mammifères placentaires : c'était donc là un retard sur de Blainville. En outre, Geoffroy Saint-Hilaire donne aux caractères tirés des membres plus de valeur qu'aux caractères tirés de l'organisation intime. Quoi qu'il en soit, sa classification a été le point de départ du mouvement scientifique qui a progressé jusqu'à nos jours. Les naturalistes de tous les pays ont remanié, avec plus ou moins de bonheur, la classification de Geoffroy Saint-Hilaire; en France, nous citerons MM. Milne-Edwards, Paul Gervais...

Dans un travail qu'il publia la première fois en 1868 dans la *Revue des Cours scientifiques* et auquel il mit la dernière main en 1872, M. Contejean a produit une nouvelle classification des mammifères établie sur la méthode des séries parallèles. Le professeur établit deux grandes divisions, ainsi que l'avait fait de Blainville : les Monodelphes et les Didelphes. Puis il partage les Monodelphes en terrestres ou quadrupèdes, et en aquatiques ou pisciformes. Les Didelphes sont partagés à leur tour en Marsupiaux et en Monotrêmes. Toutes ces divisions sont rangées parallèlement les

unes aux autres. Dans les Monodelphes terr e s-
tres, M. Contejean distingue avec M. P. Gervais les Hétérodontes (animaux à dents dis-
semblables ; incisives, canines, molaires), et
les Homodontes (animaux à dents toutes semblables ; molaires sans émail), et il subdivise
les premiers en Normaux et en Rongeurs. Il
serait trop long de nous arrêter ici sur la
façon dont M. Contejean distribue les différents
ordres des mammifères en les subordonnant
rigoureusement les uns aux autres. Je dirai
seulement que tous ces ordres ont été englobés
par une heureuse combinaison en trois groupes horizontaux : les Omnivores, les Carnivores
et les Herbivores, et que ces groupes corres-
pondent (à part deux ou trois exceptions) : le
premier, aux animaux qui ont le placenta dis-
coïde ; le second, à ceux qui l'ont zonaire, et le
troisième, à ceux qui l'ont diffus.

En attendant qu'elle soit remplacée par une
plus parfaite (le progrès est une loi fatale),
on peut dire que la classification de M. Contejean répond tout à fait aux besoins actuels de
la science.

J'ai fini l'analyse des travaux qui ont été
étudiés dans les derniers cours de zoologie. Je
n'ai cherché ici qu'à en donner un aperçu

3

général et à faire ressortir quelques-unes des difficultés qu'ils ont présentées et qu'ils présentent encore aujourd'hui. On en a cependant assez vu pour se convaincre que si, par exemple, il est quelquefois aisé d'appeler avec Boileau un chat un chat, il n'est pas toujours aussi commode de donner à ce chat ou à tel autre animal sa véritable place zoologique, de dresser son véritable *acte de naissance*, en un mot, d'être à même de prouver qu'on a bien le droit de l'appeler chat et de le mettre sous cette dénomination à côté de ses semblables.

Puisse-t-on aussi comprendre le tribut de reconnaissance qui est dû aux hommes qui ont consacré leurs veilles à des recherches incessantes, aussi ardues que celles dont nous avons esquissé l'histoire, et qui se sont fatigués à chercher péniblement un fil d'Ariane trop souvent insaisissable ! — Mais il me semble entendre maint lecteur dire à part soi : « Il m'importe peu que les animaux soient bien ou mal classés, ou même qu'ils ne le soient pas du tout..... M'en porterai-je plus mal ou en vivrai-je plus longtemps ? » Eh bien ! lecteur trop superficiel, permettez-moi, sans entrer dans de longs développements philosophico-physiologistes, permettez-moi de vous répondre directement par une affirmation qui ne manquera pas de vous paraître au premier abord plus que paradoxale. Oui, si les animaux n'étaient pas bien classés, il pourrait se faire que vous vous en portassiez plus mal. Parce que, s'ils n'étaient pas bien classés, leur organisation ne serait pas bien connue ; et que, si leur organisation n'était pas bien connue, celle de l'homme ne le serait pas du tout; les fonctions vitales les plus importantes ne seraient pas encore découvertes ; chaque jour on ne ferait pas des conquêtes physiologiques nouvelles à l'aide d'habiles vivisections, etc., etc... De sorte que votre médecin ou vous-mêmes, ignoreriez complétement le mécanisme de votre machine animale, vous ne la *comprendriez* pas. Telle était, ce me semble, l'opinion de Buffon quand il a écrit les mots que je livre, en terminant, à vos méditations : « S'il n'existait point d'animaux, la nature de l'homme serait encore plus incompréhensible. »

Mars 1874.

Nous reproduisons ici les Tableaux synoptiques des classifications développées par M. Contejean dans son cours.

CLASSIFICATION DES MAMMIFÈRES PAR ARISTOTE (4° SIÈCLE AVANT NOTRE ÈRE).

Quadrupèdes vivipares
- TÉTRAPODES
  - Onguiculés
    - trois sortes de dents.
      - à molaires aplaties (singes, chiroptères).
      - à molaires tranchantes (carnivores).
    - Point de canines (rongeurs).
  - Ongulés
    - Polydactyles (éléphant, etc.).
    - Didactyles (ruminants).
    - Monodactyles (solipèdes).
- APODES.

CLASSIFICATION DES MAMMIFÈRES PAR J. RAY (1693).

Quadrupèdes vivipares.

- **Terrestres.**
  - **Onguiculés**
    - **Fissi-pèdes**
      - doigts libres
        - à ongles plats (singes).
        - à deux incisives (rongeurs).
      - ongles compri-més
        - incisives vermiformes (mustéliens).
        - incisives nom-breuses
          - ramassés (carnivores).
          - anormaux (cheiropt., insectivores, pares-seux).
    - doigts adhérents (éléphant).
  - **Ongu-lés.**
    - à pied bifide (chameau).
    - solipèdes.
    - bisulques (ruminants).
    - quadrisulques (hippopotame).
- aquatiques (amphibies et cétacés).

CLASSIFICATION DES MAMMIFÈRES PAR LINNÉ (1760).

Mammifères

Quadrupèdes; incisives.
- nulles aux deux mâchoires. . . . . *Bruta*. 2.
- nulles en haut, nombreuses en bas. . . . . . *Pecora*. 6.
- 2; point de canines. . . . . *Glires*. 5.
- nombreuses; canines
  - 1 ou plusieurs. . . . . *Bestiæ*. 4.
  - uniques; 4. . . . . *Primates*. 1.
  - incisives supérieures. 6.
    - obtuses. . . *Belluæ*. 7.
    - aiguës. . . . *Feræ*. 3.

à nageoires. . . . . *Cetæ*. 8.

CLASSIFICATION DES MAMMIFÈRES PAR CUVIER (1830).

- **Quatre Membres.**
  - **onguiculés.**
    - **Point d'os marsupiaux.**
      - **3 sortes de dents.**
        - 2 mains. *Bimanes.* 1. — Cheiroptères.
        - 4 mains. *Quadrumanes.* 2. — Insectivores.
        - 0 mains. *Carnassiers.* 3. — Carnivo-res. { Plantigrades. Digitigrades. Amphibies. }
      - Point de canines. *Rongeurs.* 5.
      - Point d'incisives. *Édentés.* 6.
    - **Des os marsupiaux.** *Marsupiaux.* 4.
  - **ongulés.**
    - Estomac simple. *Pachydermes.* 7. { Proboscidiens. Ordinaires. Solipèdes. }
    - Estomac multiple. *Ruminants.* 8.
- **Point de membres postérieurs.** . . . . *Cétacés.* 9. { Herbivores. Ordinaires. }

CLASSIFICATION DES MAMMIFÈRES

PAR DE BLAINVILLE (1816).

MAMMIFÈRES.	**Sous-classe I. — Monodelphes.**	1er degré. QUADRUMA-NES.	normaux.	Singes. Makis.
			anormaux.	Galéopithèques. Tardigrades.
		2e degré. CARNASSIERS.	normaux.	Plantigrades. Digitigrades. Insectivores.
			anormaux.	Cheiroptères. Taupes. Phoques.
		3e degré. ÉDENTÉS.	normaux.	Édentés.
			anormaux.	Cétacés.
		4e degré. RONGEURS.		Grimpeurs. Fouisseurs. Coureurs. Marcheurs.
		5e degré. GRAVIGRADES.		Éléphants.
		6e degré. ONGULOGRA-DES.	normaux.	Pachydermes. Solipèdes. P. à doigts pairs. Ruminants.
			anormaux.	Lamantins.
	Sous-classe II. **Didelphes.**		normaux.	Carnassiers. Rongeurs.
			anormaux.	Echidnés. Ornithorhynques.

3*

CLASSIFICATION DES MAMMIFÈRES PAR IS. GEOFFROY-ST-HILAIRE (1847).

MAMMIFÈRES.

QUADRUPÈDES.

Ordinaires.

I. Primates.
II. Tardigrades.
III. Chéiroptères.
IV. Carnassiers. { Carnivores. Amphibies. Insectivores.
V. Rongeurs.
VI. Pachydermes.
VII. Ruminants.

Marsupiaux.

I. Carnassiers.
II. Rongeurs { semi-rongeurs. rong. ordinaires.
III. Monotrèmes.

BIPÈDES.

I. Sirénides.
II. Cétacés.

CLASSIFICATION DES MAMMIFÈRES PAR M. CONTEJEAN (1872).

MAMMIFÈRES.

MONODELPHES.

Terrestres ou Quadrupèdes.

Hétérodontes.

NORMAUX.
- I. *Omnivores.* { Primates. Chiroptères. Insectivores. }
- II. *Carnivores.* { Carnassiers. }
- III. *Herbivores.* { Ongulés. }

RONGEURS.
- Chiromyens.
- Gliriens.
- Proboscidiens

Homodontes.
- Paresseux.
- Édentés

Aquatiques ou Pisciformes
- Amphibies.
- Sirénides.
- Cétacés.

DIDELPHES.

Marsupiaux.
- Insectivores.
- Gliriens.
- Carnassiers.
- Demi-rongeurs
- Édentés.

Monotrèmes.
- Édentés.

DE L'UTILITÉ DES OISEAUX

La description du régime alimentaire des oiseaux a conduit le professeur d'histoire naturelle à traiter une question d'un haut intérêt pratique, je veux parler de l'utilité des oiseaux. En entendant M. Contejean plaider victorieusement la cause de la gent ailée, nous nous sommes repenti plus d'une fois de n'avoir pas toujours suivi dans notre *âge sans pitié* la sage recommandation de nos mères :

« Enfants, n'y touchez pas ! »

Mais j'ai hâte d'arriver au développement de mon sujet. — Le régime des oiseaux est des plus variés. Nous savons tous quelle grande activité ces animaux dépensent, et quelle est leur énorme appétit. Les uns dévorent les chairs vivantes ou mortes, d'autres mangent des insectes, d'autres sont piscivores, ou herbivores, ou granivores ; d'autres enfin prennent indifféremment toute espèce de nourriture. Mais

quelques-uns modifient leur régime habituel
suivant les saisons, suivant les circonstances et
même suivant leur âge : ainsi, les oiseaux voyageurs mangent tout ce qu'ils peuvent trouver,
et les moineaux, qui à l'âge adulte sont granivores, se nourrissent uniquement d'insectes
lorsqu'ils sont encore tout petits.

Examinons maintenant chacun des groupes
d'oiseaux à régimes différents que nous venons
d'énumérer : chemin faisant, nous acquer-
rons la conviction que tous en général sont
pour nous des serviteurs précieux, et qu'il nous
siérait mal de venir leur reprocher le minime
impôt qu'ils prélèvent parfois sur nos champs
et sur nos jardins.

Parmi les rapaces diurnes, les faucons nous
sont bien connus par leurs instincts chasseurs,
et nous avons peine à nous les représenter autrement que sur le poing d'un écuyer ou d'un
page. Mais comme le temps des nobles chasses
est passé, on doit dire qu'ils nous sont aujour-
d'hui beaucoup plus nuisibles qu'utiles. Après
le faucon, nous signalerons le messager du
Cap qu'on a introduit à la Martinique pour détruire les serpents. Les rapaces qu'on a appelés
ignobles, comme l'aigle, la buse, le milan, ne
font pas leur proie unique des autres oiseaux ;

au contraire, ils se repaissent principalement de
mulots. Les vautours sont surtout d'une utilité
incontestable dans les pays chauds : en effet,
ces animaux enlèvent jusqu'aux cadavres pu-
tréfiés, jusqu'aux chairs les plus dégoûtantes :
ils sont les grands voyers des lieux qu'ils ha-
bitent.

Dans les rapaces nocturnes, nous avons les
chouettes, les hibous... Les hibous ! Qui de
nous n'a pas vu maintes fois cloué au pilori,
sur la porte d'une grange, le corps desséché
d'une ou plusieurs de ces malheureuses bêtes ?
Eh bien ! il faudrait, avant de procéder à ce
châtiment barbare et immérité, il faudrait mettre en comparaison les rares oiseaux tués par
la victime avec le nombre prodigieux de mulots, de courtilières et de gros insectes qu'elle
a exterminés.

Les oiseaux exclusivement insectivores nous
sont éminemment utiles, car si l'on peut dire
avec raison que l'oiseau est l'ami de l'homme,
on dira en revanche, d'une manière générale,
que l'insecte en est l'ennemi direct et impla-
cable. Il y eut une année pendant laquelle un
insecte appelé Cécidomye causa pour plus de 4
millions de pertes dans un département de
l'Est, et la Pyrale de la vigne pour plus de trois

millions dans une vingtaine de communes du Beaujolais; en Prusse, 23 millions de mètres cubes de sapins furent détruits par les ravages d'un insecte. Est-il besoin d'insister sur les affreuses dévastations des sauterelles et sur le terrible Phylloxera qui menace de compromettre l'avenir de nos départements vignobles du Midi? Contre la marche désolante des insectes envahisseurs, l'homme demeure impuissant, et l'on ne peut s'empêcher de songer avec effroi à ce qu'il adviendrait de nous si nous n'avions pas dans les oiseaux des défenseurs zélés qui s'efforcent incessamment d'endiguer le fléau. Mentionnons d'abord le Pic vert et avec lui tous nos pics sylvains; ces oiseaux bienfaisants sont les véritables conservateurs de nos forêts, car ils font une guère acharnée aux insectes et aux larves qu'ils font sortir de l'écorce des bois, et ce n'est que pour construire leur nid qu'ils attaquent les arbres vivants. Mais gardons-nous d'oublier les grives, les merles, les fauvettes, les mésanges, dont chaque couple, ainsi qu'il résulte des expériences de M. Florent Prévost, absorbe en moyenne 300 chenilles par jour; le rouge-gorge, les microscopiques roitelets, dont chaque couple accomplit cinquante voyages par heure, en faisant ainsi disparaître 4,200

insectes par semaine. Citons encore le coucou,
qui nous débarrasse spécialement des chenilles
velues; les engoulevents, qui exterminent les
papillons nocturnes et partant les chenilles qui
en naîtraient plus tard; les hirondelles et les
martinets : ces oiseaux avalent pendant leur
vol rapide les innombrables moucherons qui
pullulent par couches serrées dans l'air et
que nous pouvons quelquefois apercevoir l'été
au soleil couchant; une seule hirondelle ou
un seul martinet détruit par jour plus de
mille insectes, lesquels, s'ils avaient vécu, en
auraient produit des milliards, car ils ont cinq
à six générations par an.

Les corbeaux freux et les corneilles qui sont
Omnivores se repaissent surtout de vers blancs
et de mulots. L'étourneau et le troupiale
émondent les bestiaux en leur enlevant la ver-
mine qui les ronge. Les martins de l'Inde com-
battent les sauterelles, et afin de lutter contre
les ravages de ces insectes, on a transporté
quelques martins à l'île Bourbon. Le canard,
comme d'ailleurs le freux et la corneille, contribue à l'assainissement des endroits où il vit,
en absorbant les immondices qu'il rencontre.

Nous arrivons aux granivores, et parmi eux,
c'est particulièrement le moineau que M. Con-

tejean s'est attaché à défendre contre les atta-
ques irréfléchies dont il est l'objet. Certainement le moineau vous dérobera par-ci par-là
quelques grains de blé, il abîmera quelques
grappes de votre raisin le plus soigné, et cela
ne manquera pas de vous contrarier et peut-
être même de vous irriter au point de machiner
sa mort. Oh! alors, avant de céder à votre
mouvement de colère, songez que ce moineau
a travaillé pour vous et qu'il vient tout sim-
plement se récompenser lui-même des services qu'il vous a rendus. Si la nature vous a
doué du moindre sentiment d'équité, vous le
laisserez pourvoir en paix aux besoins de son
existence, car vous vous rappellerez que M. Fl.
Prévost a reconnu qu'un couple de moineaux
francs avec ses petits détruit plus de 300 chenilles par semaine et de plus une grande
quantité de papillons, d'insectes, de vers :
ainsi à Paris, M. Prévost a recueilli dans un seul
nid plus de 1,400 ailes de hannetons. De sorte
qu'on peut estimer que si le moineau mange
par an un demi-boisseau de grain, il en sauve
dix ou douze; c'est donc un serviteur qui se
fait payer, mais qui gagne bien sa vie.

Les Échassiers, comme les cigognes, les hé-
rons, ne vivent pas seulement de poissons,

ainsi qu'on serait porté à le croire, au souvenir
d'une fable de Lafontaine; ces oiseaux font
leur principale nourriture de reptiles et de
rats; le balæniceps se repaît de jeunes croco-
diles; les pluviers, les vanneaux, les bécas-
ses, etc., mangent des larves d'insectes et des
vers.

Les oiseaux dits piscivores, comme les pal-
mipèdes marins (grèbes, goëlands, albatros),
détruisent plus de mollusques et d'annélides
que de poissons. En Chine, le pélican est utilisé
pour la pêche : on passe un anneau autour de
son cou, puis on le conduit à l'eau prendre des
poissons dans sa vaste poche sous-mandibu-
laire. Quand cette dernière est remplie, on la
vide sans en laisser profiter le confiant animal.

Les oiseaux herbivores (oies, cygnes, ca-
nards) purgent les marais et les canaux des
végétaux dont la putréfaction engendrerait par
ses effluves des fièvres malignes.

Pour achever ce tableau des oiseaux rangés
catégoriquement d'après leur mode d'alimen-
tation, nous indiquerons les Parasites (frégates,
aigles à tête blanche) qui se nourrissent aux
dépens des oiseaux pêcheurs. Si, par exemple,
une frégate affamée, planant au-dessus de la
mer, aperçoit un goëland qui s'apprête à

manger le poisson qu'il vient de recueillir, elle fond aussitôt sur le pêcheur et lui appliquant derrière la tête un fort coup de bec, le force à lâcher sa proie qu'elle s'accapare immédiatement sans autre forme de procès.

Avant de prendre congé du lecteur, il me permettra de rire un peu avec lui de ce petit Etat d'Allemagne où la tête du moineau fut un jour mise à prix, et où, peu de temps après, on fut forcé de promettre une récompense à ceux qui importeraient dans le pays quelques-uns de ces utiles oiseaux..... Cependant ne rions pas trop fort et..... veillons à ce qu'il n'arrive jamais rien de semblable chez nous.

Mars 1874.

TABLE DES MATIÈRES

—

POITIERS. — TYPOGRAPHIE OUDIN.

www.ingramcontent.com/pod-product-compliance
Lightning Source LLC
Chambersburg PA
CBHW071522200326
41519CB00019B/6041